U0151326

咖啡拉花
从新手到高手

何笑丛 等 著

上海交通大学出版社
SHANGHAI JIAO TONG UNIVERSITY PRESS

内容提要

本书内容涵盖咖啡拉花器材原料介绍、咖啡萃取、牛奶打发等基础知识及咖啡拉花技术，完整解读咖啡拉花步骤，详细图解咖啡拉花的基础与进阶图案，让读者轻松掌握咖啡拉花基础手法，建立对咖啡拉花技能和知识的基本认识，掌握咖啡拉花初步技能，提升咖啡制作能力，培养咖啡师拉花咖啡出品的相关能力。本书适合咖啡制作、西餐烹饪、食品专业学生、相关从业者以及普通咖啡爱好者阅读参考。

图书在版编目 (CIP) 数据

咖啡拉花：从新手到高手 / 何笑丛等著 . — 上海：
上海交通大学出版社，2023.11
ISBN 978-7-313-29871-3

Ⅰ.①咖⋯　Ⅱ.①何⋯　Ⅲ.①咖啡 – 配制　Ⅳ.
①TS273

中国国家版本馆 CIP 数据核字 (2023) 第 212113 号

咖啡拉花：从新手到高手

KAFEI LAHUA: CONG XINSHOU DAO GAOSHOU

著　　者：	何笑丛 等			
出版发行：	上海交通大学出版社	地　　址：	上海市番禺路951号
邮政编码：	200030	电　　话：	021-64071208
印　　刷：	上海锦佳印刷有限公司	经　　销：	全国新华书店
开　　本：	710mm×1000mm　1/16	印　　张：	11.25
字　　数：	224千字		
版　　次：	2023年11月第1版	印　　次：	2023年11月第1次印刷
书　　号：	ISBN 978-7-313-29871-3		
定　　价：	68.00元		

编委会

姜 峰 卢晓菲 管铭辰
陈昺寅 肖 瀛 王 惠

图片拍摄：潘友相

谁会拒绝一杯漂亮的拉花咖啡呢？

咖啡拉花是一门技术，更是一种艺术的表现形式，漂亮精致的咖啡拉花在视觉上给人强烈的冲击力，牛奶和咖啡完美融合带来富有层次的口感，更是让人回味无穷。正因如此，咖啡拉花在世界范围内受到了咖啡爱好者的热烈追捧。通过咖啡拉花，咖啡制作过程变得有趣而生动，咖啡师能与顾客建立起一种情感联系，顾客可以感受到咖啡师的技术与用心，大大提升咖啡消费的满意度与体验感。

现今，为客人提供一杯有漂亮拉花的拿铁或卡布奇诺，已经成为专业咖啡馆的基本出品要求。各类咖啡大赛中设置了咖啡拉花模块，甚至有了咖啡拉花专项赛事。高超的咖啡拉花技术是咖啡师提升职业竞争力的一种重要途径，它能让咖啡师在同行中脱颖而出，增加自己在行业中的知名度和影响力。一代又一代的咖啡师们在不断地进行咖啡拉花图案的设计更新与咖啡拉花技艺的提升。

咖啡拉花是职业院校咖啡专业学生的一门必修专业课程，也是咖啡社会培训的重要模块。课程的基本功能是使学生掌握咖啡拉花基础理论，掌握咖啡拉花技能，具备拉花咖啡出品与服务的相关职业能力。课程内容设计围绕着咖啡专业相关标准构建，目的在于让学生更好地掌握更多的贴近行业真实场景的知识和技能。

虽然咖啡拉花最初注重的是图案的呈现，但经过长久的发展，原料与技术不断精进更新，可以在呈现精美图案的同时追求咖啡整体味道提升，达到所谓的色、香、味俱全的境界。为了呈现一杯完美的拉花咖啡，咖啡师们需要进行无数次的练习与思考。本书对咖啡拉花中意式浓缩咖啡 Espresso 萃取、奶泡的打发、咖啡和牛奶的融合、拉花出图等各个环节进行了详细介绍，从适合"新手"进行练习的心形、叶形、郁金香等基础拉花图案，循序渐进到"高手"方可掌控自如的组合图形，由易到难介绍了咖啡拉花的不同阶段。在咖啡拉花、咖啡雕花、组合图形三大模块中，将每个作品的步骤进行详细拆解，帮助学习者更加思路清晰地进行拉花技巧练习。

希望本书能为咖啡专业学生和咖啡拉花爱好者提供有益的指导，用热情和毅力做出不亚于专业咖啡师水准的拉花咖啡！

目　录

咖啡拉花概论

一、咖啡概述

（一）咖啡的来源

传说一千多年前，一位牧羊人发现他的山羊吃了灌木丛中一种红色果实后，变得异常兴奋。而这个红色果实，就是现在大家都知道的咖啡果。传说在全世界开始流传，人类对咖啡的认知大门，也由此打开。

咖啡树原产于非洲埃塞俄比亚西南部高原地区，埃塞俄比亚人会把咖啡果实捣碎后与动物的脂肪混合，揉搓成球状，专供即将上战场的士兵食用来提神，从而增强战斗力。

咖啡在被发现后，相当长一段时间里产量少，且价格昂贵，属于珍贵食材，能够饮用的人非常稀少。直到 11 世纪，人类才开始普遍饮用这种饮料。

（二）咖啡的传播

13 世纪，埃塞俄比亚军队将咖啡带到了也门，至此咖啡打开了阿拉伯世界的大门。因为伊斯兰教义对饮酒的禁止，很多教徒认为咖啡是一种刺激神经的兴奋饮品，一度被禁止饮用。但随着对咖啡的深入了解，以及苏丹和埃及人的不懈努力，咖啡被客观认知为异于酒精的饮品，最终解禁。从此，咖啡迅速在阿拉伯地区流行。阿拉伯人用咖啡果的种子制成一种"植物饮料"，称为咖瓦（Qahwa），现在的咖啡（Coffee）一词即是来源于此。

15 世纪，在阿拉伯人对咖啡的种植与交易持续垄断了 200 多年后，著名的也门摩卡港成为转运咖啡的交通枢纽，摩卡这个海港城市也渐渐发展成咖啡贸易中心。

再后来，咖啡传入土耳其，咖啡饮用文化也逐渐向欧洲传播扩散，直至 16-17世纪，这杯"黑水"席卷了整个欧洲。当时，咖啡兼具药品和饮品的功效，为越来越多的欧洲人痴迷。无数个咖啡馆如雨后春笋一般在欧洲各地出现，1652 年在伦敦、

尼斯、1750 年在罗马……难以计数的咖啡馆用令人陶醉的迷人香气，征服了无数欧洲人的味蕾。咖啡馆的多元化特征开始显现，无数令人震撼的文学诗篇、艺术作品及伟大的政治思想见解都来自各种各样的咖啡馆，一杯小小的咖啡居然对社会文化发展起到了巨大的推动作用。

二、意式咖啡

随着欧洲咖啡文化的推进，意式浓缩咖啡脱颖而出。在意大利，众多咖啡饮品都是以浓缩咖啡作为基底咖啡进行勾兑。1901 年，意大利人（LUIGI BEZZERA）发明了高压力萃取咖啡机器，浓缩咖啡（Espresso）成了咖啡高速（Express）的专属名字，并在 1911 年成为意大利正式用语。Espresso 萃取方式高效便捷，口感浓郁且咖啡因含量高，具有明显的提神效果，受到广大上班族的喜爱，逐渐取代了传统咖啡制作方式，在全世界流传开来。

随着咖啡文化的发展，意式浓缩咖啡已经成为咖啡体系中的重要组成部分。对于一杯意式浓缩咖啡的定义来说，也有了一套成熟的概念和评价标准。

意式浓缩咖啡（Espresso）是热水借由高压流经极细研磨的咖啡粉饼所形成的

浓稠液体。在它的萃取过程中，极细研磨产生的大面积咖啡粒子接触到热水的表面，会在短时间内产出大量的固体物 (Solids)，它就是形成咖啡味道及风味的有效成分。这些有效成分的萃取会受到咖啡豆品种、烘焙程度、研磨度、粉水比、水温、咖啡机压力等一系列因素的影响。

　　意式浓缩咖啡（Espresso）萃取时，在其液体表面形成的一种类似油脂状的赤褐色物质，叫克丽玛（Crema）。它不仅对咖啡风味口感有重要影响，对于本书的主题咖啡拉花技术来说，也是关键因素之一。

　　现今，以意式浓缩咖啡为基底的卡布奇诺、拿铁、摩卡、玛奇朵等意式咖啡已经成为大多数咖啡店的传统饮品，这些意大利语也被世界各地的咖啡馆直接标注在它们的菜单上。

对于很多人来说，一天的美好生活晟从一杯咖啡开始的。而对于其中的某些人来说，咖啡甚至成了工作中最重要的"伙伴"。咖啡渗透在人们生活与工作的方方面面，达到了不可或缺的程度。

三、咖啡出品及饮用礼仪

在意大利，站着喝咖啡就跟英国人站着喝啤酒一样日常自然，大家都习惯于快喝快走。如果想坐下来优雅地喝一杯咖啡，则需要额外支付费用。一般来说，意大利人日常不会在一杯咖啡上占用过多时间，基于这一点，很多小型咖啡店不会为顾客设置过多的座位。

不同的意式咖啡，其对应的最佳饮用时间段也是完全不相同的。意式浓缩咖啡适合全天饮用，而卡布奇诺咖啡则更加适合在早上饮用。一般来说，上午十点以后意大利人就很少饮用卡布奇诺咖啡，这倒并不完全是习惯使然，而是由于卡布奇诺咖啡中的浓厚奶泡会加重肠胃的负担，饮用时间过晚则不利于消化。

随着咖啡文化的传播，咖啡形成了一些固有的饮用习惯和礼仪。作为一名真正的咖啡爱好者，适当了解咖啡文化以及学会如何优雅正确品尝咖啡是非常必要的。

（一）使用咖啡杯的正确方式

除了一些传统欧洲国家外，其他国家对意式浓缩咖啡的饮用礼仪基本上没有严格要求，唯一需要注意的是拿杯方式。意式浓缩咖啡一般会使用 90~120 毫升的小型杯子，杯耳非常袖珍，手指无法从中间穿过，正确用方式是用食指和大拇指端起杯子进行饮用。

经常使用的卡布奇诺咖啡的大圆杯子在喝咖啡时，也需要注意不要用手指穿过杯耳来端杯子。如果一只手拿起咖啡杯比较吃力，可以用另一只手进行辅助。至于类似美式咖啡等用马克杯盛放的咖啡，则无须在意拿杯的方式，按照自己习惯就好。

（二）咖啡勺的使用

在饮用咖啡时，咖啡勺是用来搅拌咖啡的，并不是用来直接盛装咖啡入口的，也不可以用咖啡勺来捣碎杯中的方糖。当端上来的咖啡过热时，可以用咖啡勺轻轻搅拌咖啡液体，让咖啡混合更加均匀，也可以等咖啡自然冷却。当然，也不建议使用嘴吹凉咖啡这种不雅方式。

搅过咖啡的勺子，上面都会沾有咖啡液，应轻轻顺着杯子的内缘将汁液擦掉，绝不能拿起咖啡勺甩动，或用舌头舔咖啡匙。小勺用完后，不要放在杯子里，要直接放在碟子的内侧，避免端起咖啡时滑落。标准的搅拌手法是将咖啡勺从中心顺时针由内向外搅拌，到杯壁再由外向内逆时针搅拌至中心，然后重复。

（三）咖啡杯碟的使用

咖啡杯碟应该放在使用者的正面或者右侧，杯耳应朝向右侧。饮用咖啡时可以用一只手捏住咖啡杯耳，用另一只手拖住杯底，慢慢小口饮用，不宜大口吞咽，也不宜俯身饮用。在添加咖啡时，也不要把咖啡杯从咖啡碟中拿起。除非是在自助餐会，没有桌子盛放时，除此以外尽量不要同时端起咖啡杯碟。

（四）咖啡加糖的方式

加糖可先用糖夹把方糖夹在咖啡杯下碟子的一侧，再用咖啡勺把方糖加入杯中。如是独立包装砂糖，则可以直接撕开加入。

（五）咖啡与甜点的搭配

饮用咖啡时，可以选择蛋糕、饼干、面包或甜品进行搭配，但是量不宜太多，甜品的味道不宜太浓，否则会遮盖掉咖啡的风味。饮用咖啡时可以吃甜品，但是不要一手端咖啡一手拿甜点，吃喝交替进行，而是应该饮咖啡时放下甜品，吃甜品时则放下咖啡。在吃西餐时，最好不要在点餐时点咖啡，因为欧洲人认为咖啡应该是在餐后饮用。

（六）咖啡的呈送

咖啡在呈送时，要准备好杯、托盘、勺子、纸巾、糖等配料（可根据顾客需要）与清水。而咖啡师在端上咖啡的时候，杯耳一般向着顾客的右侧，方便顾客扶着杯耳添加糖、可可粉及肉桂粉等配料。顾客在饮用时，一般可先加糖后加奶，用勺子搅拌时，为避免溅出咖啡，尽量不要用力搅拌。

（七）个人饮用习惯

咖啡是否加糖加奶，最好按照个人习惯自行添加，切记不可代劳。

（八）咖啡的饮用禁忌

咖啡不宜与茶同饮，因为茶和咖啡中的单宁酸相遇会让钙吸收的能力降低，而两者中都含有鞣酸，可使铁的吸收降低75%，所以两者最好分开饮用。

咖啡因含量较高的饮品，孕妇大量饮用后会出现恶心、呕吐、头晕、心跳加快等症状。一般认为，咖啡因会通过胎盘进入胎儿体内，影响胎儿发育。也有不少医生认为孕妇每天喝1~2杯（每杯180毫升~240毫升）的咖啡，不会对胎儿造成不良影响。为慎重起见，孕妇还是最好少喝或者不喝咖啡。

儿童也不适合饮用咖啡，因为咖啡因会让儿童的中枢系统更加兴奋，干扰儿童的记忆。

咖啡不可以与感冒药同吃。解热、阵痛和消炎的常用药对胃黏膜有刺激作用，而咖啡因也会刺激胃黏膜，促进胃酸分泌，两者同服会加剧对胃黏膜的刺激。

喝咖啡时尽量不要抽烟，有研究表明，咖啡中的某些成分与香烟中的部分物质结合后更容易诱发癌症。

一、咖啡拉花的由来

咖啡拉花（Latte Art）是 LATTE 与 ART 的结合，LATTE 在意大利语中是"牛奶"的意思，而 ART 则有"艺术"之意，两者的结合即为用牛奶展现美的艺术。从技术上来说，咖啡拉花技术是将牛奶打发后形成的奶泡注入意式浓缩咖啡，最终形成各种各样图案的一种咖啡装饰技能。它伴随着意式浓缩咖啡和牛奶的打发技术日趋成熟所形成。

拿铁拉花艺术最初于 20 世纪 80~90 年代的美国西雅图发展起来。尤其是大卫·休谟（David Schomer），他在拿铁拉花艺术的发展中功不可没。

1988 年的某一天，David Schomer 在为顾客准备咖啡时，无意中牛奶与咖啡的融合在咖啡液表面形成了一个心形图案，这杯漂亮的咖啡受到了顾客的高度赞誉。受此启发，David Schomer 开始潜心钻研心形图案的拉花技术。到了 1989 年，心形图案拉花咖啡已经在他的咖啡店进行标准出品。

1992 年，David Schomer 受到意大利的 Mateki 咖啡馆里一张照片启发，又创造了玫瑰花拉花图案。与此同时，在意大利 Musetti 咖啡店工作的 Luigi Lupi，开始通过视频对拿铁拉花技术进行普及型教学，对咖啡拉花技术的传播产生了重大而深远的影响。

他们的努力不仅让咖啡拉花技术受到世界各地咖啡爱好者的追捧，同时也激发了咖啡师们钻研拉花技术、创造新图案花式的动力。20 世纪 90 年代末 Schomer 和 Lupi 在网络上会面，在拿铁拉花技术领域进行合作，大大改进提升了他们的技术。短短的三十几年里，拿铁拉花技术迅速成熟起来，发展到了空前的高度，成为咖啡文化中最受欢迎的部分之一。

归根结底，拿铁拉花艺术其实是一种意大利式咖啡的制作方式。它将细腻的奶泡倒入意式浓缩咖啡中，通过手法的摆动和对奶泡的控制，最终绘制出预先设计好的图案，成为咖啡表面的美丽装饰。在拿铁拉花过程中，意式浓缩咖啡和牛奶奶泡的品质是决定拉花能否成功及质量优劣的关键要素，也就间接对咖啡设备及咖啡师萃取技术与制作经验都有了较高的要求。

拉花技术不仅用于拿铁咖啡的制作，同样，对于卡布奇诺、玛奇朵、澳白等牛奶咖啡以及热巧克力等非咖啡类饮品，也可以使用它进行表面装饰。虽然也有人质疑拉花是否是一杯好咖啡的必备要素，但显然不可否认的是——拉花是让一杯咖啡赏心悦目的重要环节。在今天，为顾客提供一杯既好看又好喝的咖啡，是咖啡店的一种发展趋势，能熟练制作出各种精美图案的拉花咖啡，也是现代咖啡师必须具备的基本技能。

二、咖啡拉花要素

要想做出好的拉花咖啡，必须要注意过程中的所有细节，只有理解了每个步骤的原理与关键控制点，先萃取一杯符合标准的意式浓缩咖啡，再掌握牛奶的选择与打发技巧，形成正确的奶泡，在此基础上借由融合技巧，将意式浓缩咖啡与打发后的牛奶完美混合在一起，才能最终得到一杯好的拉花咖啡。

（一）意式浓缩咖啡的萃取

咖啡拉花的过程不仅仅是单个技能的展示，而是多个技能的组合。其中，意式浓度咖啡所扮演的角色就非常重要。好的意式浓缩咖啡基底可以让整个牛奶注入融合的过程非常顺畅。因此，在学习拉花技能之前要对意式浓缩咖啡的萃取和牛奶的打发进行学习。

　　咖啡拉花是在意式浓缩咖啡的基础上进行制作，所用的咖啡豆近似传统意式咖啡，但是要求咖啡萃取的油脂要更厚一些，所以从拉花技术应用来考虑，无论是烘焙度、油脂丰富度还是风味的表现来说，意式拼配咖啡豆使用的效果都要优于单品

原产地咖啡。

意式浓缩咖啡萃取的过程，是93℃（±3℃）的热水在8.5-9.5个大气压下穿过密闭手柄，通过20~30秒的时间对极细研磨的咖啡粉饼的渗透过程，形成一种类似热蜂蜜状的浓稠液体。最终咖啡液体及油脂会沉积在杯中，表面会形成一层淡淡的棕色致密泡沫，这就是克丽玛（Crema）。在咖啡拉花中，克丽玛的厚度及硬度都会直接影响其与牛奶的融合。因此在浓缩咖啡的萃取环节，一定要获得一杯萃取适中的意式浓缩咖啡，一旦过度萃取或者萃取不足的话，就会影响到后期的融合过程，无法达到咖啡拉花的理想效果。

萃取参数

粉量（克）		水温（℃）	压力（帕）	时间（秒）
单份	双份	93（±3）	8.5-9.5	20-30
7-9	16-18			

意式浓缩咖啡制作过程：

研磨   称量

布粉

填压

萃取

　　这些意式浓缩咖啡制作的具体步骤需要进行不断的练习，才可以达成标准萃取的要求。除此之外，在萃取意式浓缩咖啡时，还需要注意咖啡豆的新鲜程度，因为这个因素也会直接影响咖啡的味道与油脂。

（二）牛奶的打发

　　在进行咖啡拉花练习的时候，经常会遇到牛奶呈现一坨坨的状态，没有任何流动性，最终呈现不了任何图案的情形。产生这类现象的主要原因在于牛奶打发时动作不正确，牛奶在打发后缺乏流动性，最终导致制作失败。

1. 牛奶的选择

目前市场上销售的各类乳制品琳琅满目，但是，不是所有的乳制品都适合进行咖啡拉花制作。

进行牛奶咖啡制作时，以全脂鲜奶较为合适，乳脂肪在 3% 以上更佳。这是因为牛奶在打发过程中有两个最为关键的要素：蛋白质、脂肪。蛋白质可以帮助形成绵密的奶泡，而脂肪则为奶泡提供了支撑性。换句话来说，没有足够的蛋白质，牛奶就没有办法进行打发，而没有足够的脂肪，奶泡就不能持久。

从脂肪含量来说，可将牛奶分为脱脂牛奶、低脂牛奶与全脂牛奶。在牛奶打发过程中，脂肪含量越低，奶泡越不绵密，口感也比较差，后续也会影响到拉花品质。

从新鲜度来说，可以将牛奶分为鲜奶、巴氏杀菌奶与灭菌奶。牛奶越新鲜，含有的乳脂肪越多，口感也就越好，打发的奶泡稳定性也越高；相反，储存时间越长，牛奶打发的奶泡稳定性越差，口感也较为粗糙。

2. 牛奶的储藏

要打发的牛奶，最好是放在冰箱里进行低温储藏，适宜的温度应保持在3℃ — 5℃。因为低温冷藏可以减缓牛奶中乳脂肪分解，相反常温或高温状态下牛奶的乳脂肪分解速度快，营养成分很容易被破坏，不再适宜饮用。另外，牛奶在储藏时还要密封保存。密封不严的话，异味很容易污染牛奶，破坏牛奶原有的芳香，影响牛奶的风味与口感。

不过，牛奶的储藏温度也不是越低越好。当牛奶冷冻成冰时，其品质会受损害，破坏牛奶原有的营养价值。

3. 牛奶的打发原理

牛奶打发就是将热的蒸汽打入牛奶，使液态的牛奶体积膨胀，成为泡沫状的奶泡。在牛奶打发的过程中，乳糖因为温度升高，分解成半乳糖与葡萄糖，甜感会提升。乳脂肪的作用会让这些微小泡沫形成稳定的状态，让其在饮用时才在口腔中破裂，从而味道与芳香物质才有较好的散发放大作用，让牛奶产生香甜浓稠的口感。

牛奶打发时，咖啡机的蒸汽量越大，牛奶温度上升速度越快，但容易产生较粗的奶泡。所以蒸汽量大的咖啡机比较适合使用较大的拉花缸，在较小的缸里容易产生乱流现象。

反之如咖啡机的蒸汽量较小，牛奶发泡效果差，打发时间比较长，总体来说比较容易控制。另外，蒸汽越干燥，含水量就会越少，打出来的奶泡相对比较绵密。

4. 牛奶打发过程

1）空喷蒸汽棒：打发牛奶之前，应当提前打开蒸汽按钮，清除残留在内部的水。

2）蒸汽棒的位置：应该倾斜放置于牛奶液面 3 点钟或 9 点钟位置，深度位于液面下约 1 厘米处。

3）打开蒸汽棒：注意一定要在蒸汽棒没入牛奶之后再打开蒸汽按钮，以免牛奶四处喷溅。

4）打发：稳住拉花缸，使缸里的牛奶旋转起来，当听到发出"呲呲"进气的声音，牛奶体积增大，液面上升，此时稍稍将拉花缸下移（0.5cm 左右），使空气可以更好地进入牛奶里面，持续 2~3 秒。想要薄一点的奶泡，进气持续时间就短一点，相反，想要奶泡厚一点，则进气持续时间相应加长。目测牛奶的发泡量足够后，上移拉花缸，将蒸汽棒完全没入牛奶中，同时用手触摸缸壁，当温度适合时，关掉蒸汽棒，将之移出拉花缸。

5）再次空喷蒸汽棒，并用抹布清洁蒸汽棒的表面。

在牛奶打发过程中，有这样一些小技巧：

Tip 1：如果牛奶发出刺耳的尖锐声，可将拉花缸稍微往下移一些，让更多的空气进入牛奶表面，之后再次将蒸汽棒没入牛奶；也有可能是蒸汽棒离拉花缸壁太近，可将蒸汽棒往中间稍微移动一下。

Tip 2：清洁蒸汽棒要用质地柔软、湿润干净的专用抹布擦拭，因为残留的牛奶不仅会让蒸汽棒堵塞，还会滋生细菌。

牛奶打发其实是一个综合感知过程，需要同时运用视觉、听觉、触觉等感官综合判断牛奶的打发程度。经过练习，能够打发出流动性好、质感丝滑、如奶油光泽的优质奶泡，会为咖啡拉花提供最佳条件。

（三）融合

在意式浓缩咖啡与牛奶打发之后，就要马上进行两者的融合。这不仅是咖啡拉花的关键环节，也关系到整个咖啡的味道与口感。

简单来说，融合就是把意式浓缩咖啡、牛奶、奶泡以分子结合体的方式均匀稳定地结合在一起。这种状态下，饮用咖啡时才能每一口都是均匀状态的咖啡与牛奶奶泡的结合，能呈现出牛奶咖啡的良好状态。

如果希望意式浓缩咖啡、牛奶、奶泡以最佳状态进行融合，必须让打发后的牛奶以一定流量的方式注入咖啡，产生稳定持久的力量。这就要求拉花缸在注入牛奶时要以上下拉动的方式，或上下拉动与水平移动结合的方式产生牛奶奶泡在咖啡液中翻动的融合力量，在这个过程中，需要手腕灵活进行控制，才能达到理想状态。

　　进一步来说，在拉花时可以利用倒入奶泡的流量大小以及融合时冲击力的大小，来改善调整牛奶咖啡的口感，满足不同的需求。如融合的冲击力与流量大，咖啡口感就淡，而同等条件下，融合的冲击力与流量小，咖啡口感相对就浓。还有，融合的速度与节奏对于拉花咖啡的整体口感与图案呈现也有一定影响。因此，咖啡拉花需要进行持续而大量的练习，流量该大就大，该小就小，速度该快就快，该小就小，要通过经验积累达成熟练技巧的掌握，才会有好作品的呈现。

　　打发后的牛奶在融合之前，如果上层有粗奶泡，可用敲击拉花缸的方式震碎粗奶泡或是用不锈钢汤匙将其刮除，余下的细腻奶泡才能进行拉花。当然，还可以用倒缸的方式来提升奶泡的质量。

1. 融合开始前，要将拉花缸靠近咖啡液面，缓慢倒入小流量奶泡。

2. 融合开始后，提高拉花缸，加大流量从液面中心开始注入。（此时咖啡杯底部与液面距离最大，注入时所产生的冲击力也最大。）

3. 融合时最多的情况是时行绕圈注入融合，某些情况下也可以一字型或定点注入融合。

4. 将意式浓缩咖啡与牛奶融合至预期程度时，降低拉花缸，将缸嘴贴近液面，开始做图。

三、咖啡拉花的准备工作

咖啡拉花是在传统牛奶咖啡类饮品上做出的出品变化。拉花最初在欧美国家的起源阶段，是无意间创作出的一项装饰技能。由于它的观赏性非常高，咖啡师通过高超的技能可以迅速吸引顾客的眼球，因而当时的咖啡拉花重点关注的是咖啡花型图案的呈现。经过三十多年的发展演变，咖啡拉花已经不再是单纯的视觉欣赏，在绵密口感的牛奶的与意式浓缩咖啡的融合中，咖啡的口感也有了很大改进，达到了色香味俱全的境界。

要想达到这一目标，就要求在咖啡拉花之前做好充分准备，工作流程的顺畅同样也是保证咖啡拉花成功的关键条件。除了咖啡豆和牛奶外，还要准备以下设备及器具。

（一）意式半自动咖啡机

意式浓缩咖啡是意式咖啡机通过锅炉加热加压，使热水通过填装好咖啡粉的手柄萃取出来的浓稠液体。机器选择方面，商用半自动咖啡机、商用全自动咖啡机以及家用意式咖啡机都可以用来制作咖啡拉花，只要其能够萃取意式浓缩咖啡，并且有充足蒸汽量，能够打发出流动性好的绵密奶泡。

（二）磨豆机

准备好一台合适的磨豆机也是咖啡拉花重要的准备工作。对于萃取意式浓缩咖啡基底来说，只有研磨出粒径较细且颗粒均匀的咖啡粉，才能保证最终萃取出一杯适合咖啡拉花的基底咖啡。在咖啡拉花制作上，多选择传统的意式磨豆机来配合意式咖啡机使用，同时为了配合吧台出品的需要，会将其刀盘方向平行于桌面安放。

意式磨豆机按照控制方式可以分为手拔式、自动式两种见下图。

（三）压粉器（粉锤）

压粉器又称为粉锤，它可以让咖啡手柄中松散的咖啡粉变得更加紧致，从而有助于在高压萃取中获得更为浓稠的意式浓缩咖啡。

具体来说，压粉器在做制作意式浓缩咖啡基底时有几个重要作用：第一，压紧研磨好的咖啡粉，使热水可以充分、均匀地穿透咖啡粉饼；第二，使咖啡粉粒间距保持一致，不会因

为咖啡粉吸水膨胀而导致萃取不足或者萃取过度；第三，可以将手柄内的咖啡粉压平，从而使咖啡粉能够均匀承受咖啡机萃取时所产生的压力而不至于萃取失衡。

压粉器、布粉器、自动压粉器

随着咖啡设备不断升级，压粉器类别更加多样化，出现了布粉器、自动压粉器等众多类别。只要能对拉花技能有一定的便利与辅助作用，都可以选择使用。

（四）拉花缸（奶缸／奶泡壶）

在牛奶的打发和拉花制作的过程中，选择一个合适的拉花缸可以让整个制作过程事半功倍。现在市场上的拉花缸品类繁杂，各种不同材质、颜色、容量、嘴型的拉花缸形形色色，可供挑选的余地很大。

容量：传统的拉花缸有450ml和600ml两个常见的规格，现在也存在其他规格的拉花缸。具体操作中，应该根据出品需求决定选择使用的拉花缸的大小。原因在于拉花缸的规格会直接影响牛奶的打发效果，拉花缸太空，奶量太少，蒸汽棒无法没过牛奶的表面，容易产生粗糙的大气泡；拉花缸太小，奶量则会太多，液面不容易旋转起来，牛奶不容易打发，同时会有溅出的风险。一般来说，牛奶倒入拉花缸最理想的容量是大约在奶缸的 1/3 处（缸肚的位置）。

嘴型：常见的拉花缸有圆形嘴和尖形嘴两种。圆形嘴能够让拉花时流出的奶泡更加均匀平缓，容易制作出圆润外形的图案，但是很难拉出纹路清晰的压纹图案。所以传统的叶子或者组合图案更适合使用尖嘴窄口的拉花缸，它的缸嘴设计可以更好控制奶泡的流向，方便咖啡师制作复杂图案。

圆嘴

尖嘴

材质：通常拉花缸都是不锈钢材质，可以让牛奶打发温度更容易被及时感知。如果对高温比较敏感，也可以尝试带有特氟龙涂层材质的拉花缸。

把手：把手可以帮助拉花过程中握稳拉花缸，可以根据个人的习惯自由选择。无把手拉花缸对于手的灵活性要求较高，而且由于手直接握在缸壁上，更容易感受到温度的升高。

（五）咖啡杯

在拉花练习的实践中，咖啡杯的形状对于拉花有很大的关联。高杯杯身较长，意式浓缩咖啡与奶泡融合时间也较长，如果奶泡的量不足时，拉花出图时奶泡量就可能不够，从而拉不出完整美观的图案。而短杯因为容量较小，深度较浅，导致拉花时动作要求十分迅速，图案也比较容易呈现。不过，同样因为短杯容量较小，不建议用来进行进阶图案与组合图形制作。

另外，咖啡杯口直径大小对于拉花图案也会产生不同的效果。一般来说，杯口直径越大，拉花图案就会越大且明显，但奶泡的厚度会相应降低，影响咖啡的口感。

而咖啡杯口直径太小，则拉花的难度会相应增加。

（六）雕花针

在一些图案的制作上，会用到咖啡专用雕花针来进行局部刻画，一般是金属材质。

雕花针

四、咖啡拉花基本方法

随着拉花技术的不断提升，拉花技能也在逐渐细分化。通过不同技法，可以获得不同的图案，甚至可能产生不一样的味蕾体验。

咖啡拉花制作方法大致分为三种：直接注入成型法、手绘雕花制作法、磨具复刻法。以下我们将对这三种方法进行细致的讲解。

（一）直接倒入成型法

在拉花之前，需要将奶泡与意式浓缩咖啡基底进行融合。倒入时需要从距离咖啡表面4~5厘米的高度将奶泡注入意式浓缩咖啡基底，注入时量要均匀且不宜过大，当奶泡与意式浓缩咖啡能够均匀地融合在一起时，就可以拉花了。

（二）手绘图案法

利用雕花针在牛奶咖啡上进行图案创造，已经是咖啡拉花中的一个独立技术表现。通过对奶泡的绘画创作，或者利用巧克力酱、焦糖酱等辅助材料在咖啡表面进行绘画创作，这些情况都需要雕花针对图案进行二次加工成型。

雕花图形基本分为两种类型，一种是有规律的几何图形，如直线或者圆形。可以按照不同设计，通过雕花针勾勒出抽象的图案，如向阳花、风车、樱花等图案；另外一种是直接通过奶泡堆叠或者用巧克力酱等材料，绘制出基本形状，再利用雕

花针勾勒出具体外形，如人物形象、动物形象、植物形象等。这些方法相比直接注入的拉花技术而言，都比较简单，只要掌握了雕花基本技能，就可以快速制作出好看的牛奶咖啡。

（三）模具复刻法

磨具复刻法，顾名思义就是利用现有的磨具通过泼洒辅助材料，对牛奶咖啡表面进行装饰。它的原理十分简单，方式具体有两种：第一种方式比较传统，通过筛粉器把可可粉或者肉桂粉轻拍在奶泡表面，意大利人喝的传统卡布奇诺多以这种方式表现；第二种方式则是将模具固定在奶泡上面约 1 厘米处，隔着模具在牛奶咖啡表面撒上可可粉、肉桂粉、抹茶粉等粉末，从而在咖啡表面形成各种图案，如动植物、数字、企业标识等。而模板可以根据顾客需求，制作出多种多样生动有趣的图案，吸引更多的顾客群体。

　　时代在发展，传统的模具也在与时俱进。3D 技术的出现，使得拉花技术也有了突破性的体验方式。只要通过 3D 打印机输入想要的图案，打印机就能将其在牛奶咖啡表面打印出来，既方便又有趣。这种 3D 咖啡拉花打印在很多咖啡店也成了吸引顾客的一大卖点。

咖啡拉花具体技术

一、雏菊

材料：意式浓缩咖啡、奶泡

设备与器具：意式半自动咖啡机、意式磨豆机、拉花缸、咖啡杯、雕花针、吧勺

制作步骤：

1. 从中心点注入，将意式浓缩咖啡与牛奶融合至九分满；

2. 用勺子舀奶泡放至咖啡液面中央，形成一个实心圆；

3. 再用勺子舀奶泡沿咖啡杯边缘堆放，形成一个外圆；

4. 用雕花针从外圈奶泡划向圆心，并使图案对称；

5. 用雕花针蘸取咖啡液点在圆心处，完成"雏菊"图案。

二、环形之花

材料：意式浓缩咖啡、奶泡

设备与器具：意式半自动咖啡机、意式磨豆机、拉花缸、咖啡杯、雕花针

制作步骤：

1. 从中心点注入，将意式浓缩咖啡与牛奶融合至九分满；

2. 用雕花针蘸取奶泡，在咖啡液面中央画一个空心小圆；

3. 再用奶泡在小圆外隔适当距离画一个稍大的圆；

4. 以同样的手法与间距再用奶泡画个更大的圆形；

5. 用雕花针从咖啡杯边缘向液面中心划去，形成对称图案；

6. 用雕花针蘸取少许奶泡点在圆心处，完成"环形之花"图案。

三、心连心

材料：意式浓缩咖啡、奶泡

设备与器具：意式半自动咖啡机、意式磨豆机、拉花缸、咖啡杯、雕花针

制作步骤：

1. 将咖啡与牛奶融合至九分满，再用雕花针上的小勺蘸奶泡在液面中心点一个小白点；

2. 接着在小白点外圈用同样手法均匀地点一圈小白点；

3. 再用同样手法在外圈均匀点一圈小白点；

4. 用雕花针从中心小圆点开始向外依次以螺旋形划出"心连心"图样；

5.“心连心”图形咖啡完成。

四、星光

材料：意式浓缩咖啡、奶泡

设备与器具：意式半自动咖啡机、意式磨豆机、拉花缸、咖啡杯、雕花针

制作步骤：

1. 将咖啡与牛奶融合到约九分满；

 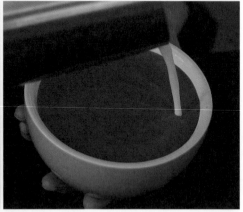

2. 用雕花针一头的小勺舀取奶泡，堆至咖啡液中心形成一个白色小圆；

3. 用雕花针从圆心向外依次对称地画线，呈现"星尖"状效果；

4.再用雕花针依次在两个"星尖"之间由外向内划入；

5.用小勺蘸取奶泡在"星光"周围依次点出白色小圆点；

6. 雕花针沿顺时针依次划过白色圆点，形成一个圆圈；"星光"咖啡完成。

一、爱心（大白心）

材料：意式浓缩咖啡、奶泡

设备与器具：意式半自动咖啡机、意式磨豆机、拉花缸、咖啡杯

制作步骤：

1. 将咖啡杯倾斜约 45°，杯柄朝向拇指方向；

2. 提高拉花缸，小流量注入奶泡，以画圈的方法将牛奶融合至咖啡杯约五分满；

3. 降低拉花缸，让缸嘴贴近液面，沿杯柄与缸嘴呈十字大流量定点注入奶泡，让白色面积不断扩大，形成半圆形；

4. 奶流注入到八九分满时，稍微提起拉花缸收细流量，穿过咖啡液面，向咖啡杯柄垂直方向收尾；同时缓慢回正咖啡杯；

5."爱心"（大白心）拉花咖啡完成。

二、爱心（千层心）

材料：意式浓缩咖啡、奶泡

设备与器具：意式半自动咖啡机、意式磨豆机、拉花缸、咖啡杯

制作步骤：

1. 将咖啡杯倾斜45°，杯柄朝向拇指方向；

2. 提高拉花缸，小流量注入奶泡，以画圈的方法将牛奶融合至咖啡杯约四~五分满；

3. 降低拉花缸，将拉花缸嘴尽可能贴近液面，选点在中心线约 1/3 处大流量注入奶泡；

4. 液面出现白点时，定点摇晃摆动，使白色纹路不断晃出；

5. 晃动到八九分满时，将拉花缸稍微提起，向圆的中心点移动，收细流量，同时缓慢回正咖啡杯；

6. 奶柱穿过咖啡液面，往咖啡杯柄垂直方向收尾。

7. "爱心"（千层心）拉花咖啡完成。

三、树叶

材料：意式浓缩咖啡、奶泡

设备与器具：意式半自动咖啡机、意式磨豆机、拉花缸、咖啡杯

制作步骤：

1. 咖啡与牛奶融合至咖啡杯约四至五分满后，降低拉花缸，贴近液面，在咖啡液面中心点开始注入奶泡；

2. 当液面浮现白色时，定点匀速左右晃动拉花缸，使白色纹路不断晃出；

3. 当白色纹路呈现半圆状时，向后方移动拉花缸并呈"Z"字形路径不断晃动；

4.持续晃动,使叶片数量增加; 当叶子接近杯子边缘时,停止晃动,继续注入奶流,直至出现白色小半圆形;

5. 提高拉花缸,收细奶流,向叶子底部方向推进收尾; "树叶"拉花咖啡完成。

四、三叶

材料：意式浓缩咖啡、奶泡

设备与器具：意式半自动咖啡机、意式磨豆机、拉花缸、咖啡杯

制作步骤：

1. 咖啡与牛奶融合至咖啡杯约四分满，贴近液面，在意式浓缩咖啡液面中心点开始注入奶泡；

2. 当液面浮现白色时，定点匀速左右晃动拉花缸，使白色纹路不断晃出；

3. 当白色纹路呈现半圆状时，向后方移动拉花缸并呈"Z"字形路径不断晃动；

4. 持续晃动，使叶片数量增加，直至接近咖啡杯边缘；

5.停止晃动，继续注入奶流，直至出现白色半圆；

6.提高拉花缸，收细奶流，向叶子底部方向推进收尾，完成第一片"叶子"；

7.顺时针转动咖啡杯，从第一片"叶子"底部中心向左边拉出第二片"叶子"；

8. 再逆时针转动咖啡杯，以同样的手法反方向拉出对称的第三片"叶子"；

9. "叶子"拉花咖啡完成。

五、五叶

材料：意式浓缩咖啡、奶泡

设备与器具：意式半自动咖啡机、意式磨豆机、拉花缸、咖啡杯

制作步骤：

1. 咖啡与牛奶融合后至三~四分满，从液面中心点稍下方开始制作第一片叶子；

2. 从第一片叶子底托左边上部起点制作第二片叶子（注意摆动幅度要比第一片叶子小，拉花缸后退和牛奶注入速度要均匀）；

3. 以同样的手法在第一片叶子底部右边制作第三片小叶子；

4. 顺时针转动咖啡杯，从第一片叶子下方中心点处拉出第四片小叶子；

5. 再逆时针转动咖啡杯，从底部下方中心点处以同样的手法制作出对称的第五片小叶子；

6. "五叶" 拉花咖啡完成。

（注意：制作最后一片叶子时拉花缸后退和摆动速度要加快。收尾时拉花缸要提高，以免虚化图案。）

六、七叶

材料：意式浓缩咖啡、奶泡

设备与器具：意式半自动咖啡机、意式磨豆机、拉花缸、咖啡杯

制作步骤：

1. 咖啡与牛奶融合至约四分满，从液面左侧在中心线稍下方开始后退摆动制作第一片叶子；

2. 从叶子边缘内侧进行收尾（注意收尾时奶量不要过多）；

3. 以同样的摆动和收尾手法在液面右边制作第二片小叶子；

4. 紧挨着第一片叶子右边拉出第三片小叶子（比第一片叶子稍长，从中心线收尾）；

5. 紧挨着第二片叶子左边与第三片叶子同样的长度与手法拉出第四片小叶子（注意与第三片叶子中间留出一定的空间）；

6. 从液面下部起点沿中心线摆动后退制作第五片小叶子（注入的奶量不要过多，尽量将拉花缸贴近液面）；

7. 顺时针旋转咖啡杯45°，从第五片叶子稍左侧起点制作第六片斜直的小叶子；

8.咖啡杯再逆时针旋转120°，以对称的方式制作第七片小叶子；

9."七叶"拉花咖啡完成。

七、郁金香（三层）

材料：意式浓缩咖啡、奶泡

设备与器具：意式半自动咖啡机、意式磨豆机、拉花缸、咖啡杯

制作步骤：

1. 将咖啡杯倾斜 45°，杯柄朝向拇指方向；

2. 提高拉花缸，小流量注入奶泡，以画圈的方法将牛奶融合至咖啡杯约五分满；

3. 降低拉花缸，将拉花缸嘴贴近液面，在液面中心处大流量注入奶泡，当液面出现白色半圆形时，提高拉花缸，向前轻推收尾；

4. 退后一点开始第二次注入，压住第一个半圆大流量注入，同样出现白色半圆时收尾；

5. 再次退后一点开始第三次注入，按同样的手法制作出第三层白色半圆；

6. 提高拉花缸，收细流量，持续向前推动奶流，同时缓慢回正咖啡杯；

7. 奶流穿过咖啡液面贯穿至第一个半圆底部，往咖啡杯柄垂直方向收尾；

8. 三层"郁金香"拉花咖啡完成。

八、郁金香（四层）

材料：意式浓缩咖啡、奶泡

设备与器具：意式半自动咖啡机、意式磨豆机、拉花缸、咖啡杯

制作步骤：

1. 提高拉花缸，小流量注入奶泡，将牛奶与咖啡融合至五分满左右；

2. 从液面中心点位置注入奶泡，推出第一层白色半圆形；

3. 距离第一层稍微靠后一点开始注入，压住第一层推出第二层白色半圆；

4. 再次后退一点注入，以同样的手法与同样的间距推出第三层；

5. 再后退较前三层稍大的间距，推出第四层，提高拉花缸收尾；

6. 四层"郁金香"拉花咖啡完成。

九、郁金香（六层）

材料：意式浓缩咖啡、奶泡

设备与器具：意式半自动咖啡机、意式磨豆机、拉花缸、咖啡杯

制作步骤：

1. 提高拉花缸，小流量注入奶泡，将牛奶与咖啡融合至四分满；

2. 从液面中心点稍下的位置注入奶泡，推出第一层白色半圆形；

3. 距离第一层稍微靠后一点开始注入，紧压住第一层推出第二层白色半圆；

4. 再次后退一点注入，以同样的手法与同样的间距推出第三层；

5. 以比前三层间距稍大的方式推出第四层；

6. 紧压住第四层推出第五层；再往后退，以较大的间距推出第六层；

7. 提高拉花缸收尾；六层"郁金香"拉花咖啡完成。

十、压纹郁金香（双层）

材料：意式浓缩咖啡、奶泡

设备与器具：意式半自动咖啡机、意式磨豆机、拉花缸、咖啡杯

制作步骤：

1. 将打发后的牛奶与意式浓缩咖啡融合至约四分满；

2. 在液面中心处注入奶流，当液面出现白点的时候开始以千层心形手法摆动，使白色纹路不断晃出；

3. 白色纹路形成半圆形开始回包时，拉花缸边摆动边向前轻推挤压，使纹路向图案中心靠拢后收住流量；

4. 后退一定距离开始第二层注入奶流，轻推出第二层白色半圆形；

5. 再退后一定距离，紧压住第二层轻推出第三层白色半圆；

6. 稍稍后退，紧压住第三层推出第四层白色半圆；

7. 提高拉花缸，以细奶流收尾至第一层底部，双层压纹"郁金香"拉花咖啡制作
完成。

十一、压纹郁金香（三层）

材料：意式浓缩咖啡 30ml、奶泡

设备与器具：意式半自动咖啡机、意式磨豆机、拉花缸、咖啡杯

制作步骤：

1. 将打发后的牛奶与意式浓缩咖啡融合至三～四分满，在液面中心处注入奶流，当奶泡在液面出现白点的时候开始摆动拉花缸；

2. 以千层心形手法保持左右一致的幅度定点注入奶沫，使白色纹路不断晃出；

3. 当白色纹路形成半圆形开始回包时，边摆动拉花缸边向前轻推挤压，在纹路向图案中心靠拢后收住流量；

4. 后退一定距离开始第二层注入，以与第一层同样的手法摆动出第二层白色半圆，并同样在纹路回包时向前轻推，使之被包裹在第一层内；

5. 再退后一定距离，定点注入少量奶泡推出第三层白色半圆；

6. 稍稍后退，紧压住第三层推出第四层后提高拉花缸收尾；

7. 三层压纹"郁金香"拉花咖啡制作完成。

十二、双叶郁金香

材料：意式浓缩咖啡、奶泡

设备与器具：意式半自动咖啡机、意式磨豆机、拉花缸、咖啡杯

制作步骤：

1. 咖啡与牛奶融合至咖啡杯约四分满；

2. 从液面中心点注入奶泡，轻推出一个白色半圆；

3. 拉花缸稍稍后退，压住第一层推出第二层白色半圆；

4. 再依次推出第三、四层，提高拉花缸，以细奶流收尾，完成四层郁金香制作；

5. 顺时针转动咖啡杯约45°，从郁金香底部中心向左上方拉出一片细长叶子；

6. 再将咖啡杯逆时针转动180°，以同样的手法拉出一片对称的树叶；

7. 双叶"郁金香"拉花咖啡完成。

十三、玫瑰花

材料：意式浓缩咖啡、奶泡

设备与器具：意式半自动咖啡机、意式磨豆机、拉花缸、咖啡杯

制作步骤：

1. 咖啡与牛奶融合至咖啡杯约五分满；

2. 在咖啡液面上部贴近液面画出"S"形，形成"玫瑰花"第一层；

3. 在"S"形里面推出一片白色半圆"花瓣"；

4. 用同样的手法再完成第三、四层"花瓣"；

5. 将咖啡杯逆时针旋转约 60°，从咖啡液面底部中心点向左上方斜拉出一片
细长麦穗后向内画弧线收尾；

6. 往回旋转咖啡杯，以相同的手法向右拉出对称的另一片叶子；

7. 拉花缸贴近液面，从两片叶子中间以粗奶泡画出"玫瑰花茎"；

8. "玫瑰花"拉花咖啡完成。

十四、双叶玫瑰花

材料：意式浓缩咖啡、奶泡

设备与器具：意式半自动咖啡机、意式磨豆机、拉花缸、咖啡杯

制作步骤：

1. 咖啡与牛奶融合至咖啡杯约三至四分满，在咖啡液面左上靠近杯子边缘位置轻推出一个白色小圆点（"花瓣"）；

2. 用同样的手法在第一片"花瓣"稍右边轻推出第二片"花瓣";

3. 在上方紧靠左侧第一片"花瓣"轻点出第三片"花瓣";

4. 用同样的手法完成第四片"花瓣";

5. 在中心位置推出第五片"花瓣"，完成"玫瑰花朵"部分制作；

6. 将咖啡杯逆时针旋转约 60°，从咖啡液面底部中心点向左上方斜拉出一片细长小叶子；

7. 往回旋转咖啡杯，以同样的方法拉出另外一片对称的小叶子；

8. 降低拉花缸，缸嘴贴近液面，在玫瑰花和叶子之间画个"8"字形；

9. 画完"8"字形叶茎后，奶流划向两片小叶子中间，临近底部时稍做停顿，点出一个小白心收尾；

10.双叶"玫瑰花"拉花咖啡完成。

十五、压纹玫瑰花

材料：意式浓缩咖啡、奶泡

设备与器具：意式半自动咖啡机、意式磨豆机、拉花缸、咖啡杯

制作步骤：

1. 牛奶与意式浓缩咖啡融合至约四分满，在液面中心处注入奶流，当奶泡在液面出现白点的时候开始左右摆动拉花缸，使白色纹路不断晃出；

2. 当白色纹路形成半圆形开始回包时，边摆动拉花缸边向前轻推挤压，使纹路向图案中心靠拢后收住流量；

3. 稍稍后退一定距离开始第二层注入，以同样的手法摆动出白色半圆，当纹路开始回包时向前轻推，使之被包裹在第一层内；

4. 拉花缸嘴贴近液面释放奶流，从第二层心形上方稍右处起点开始画"8"字形；

5. "8"字画好后，向中间小的心形收尾；

6. 在左边叶子上方轻推出第一片"花瓣"；

7. 再在右边叶子上方轻推出第二片"花瓣"；

8. 接下来紧压住两片"花瓣"推出第三片"花瓣"，形成"玫瑰花朵"；

9. 压纹"玫瑰花"拉花咖啡制作完成。

十六、天鹅

材料：意式浓缩咖啡、奶泡

设备与器具：意式半自动咖啡机、意式磨豆机、拉花缸、咖啡杯

制作步骤：

1. 咖啡与牛奶融合至咖啡杯约五分满后，在咖啡液面中心点开始注入奶泡；

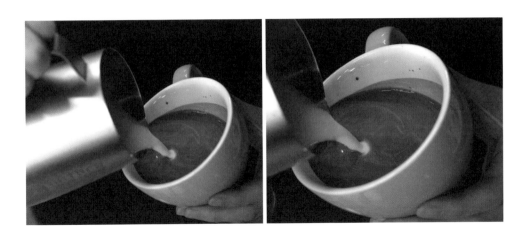

2. 当液面开始出现白色时匀速左右摆动拉花缸，使白色纹路不断晃出；

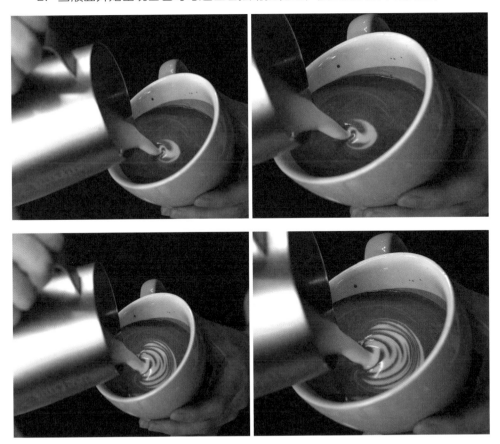

3. 当白色纹路呈现半圆状时，向右后方移动拉花缸并保持匀速晃动，形成"树叶"状；

4. 当叶子处接近杯子边缘时，提高拉花缸，以细奶流从纹路左侧边缘向叶子底部收尾；

5. 降低拉花缸，缸嘴贴近液面，从叶子收尾处用较粗奶流向后拉出线条，用弧线画出"天鹅"颈部；

6. 在弧线顶端用奶流定点持续注入的手法形成小圆，提高拉花缸，以心形收尾的手法作出"天鹅头"；

7. 天鹅拉花咖啡完成。

十七、双翅天鹅

材料：意式浓缩咖啡、奶泡

设备与器具：意式半自动咖啡机、意式磨豆机、拉花缸、咖啡杯

制作步骤：

1. 咖啡与牛奶融合至咖啡杯约五分满；

2. 顺时针转动咖啡杯约 45°，从咖啡液面底部中心处向左边拉出一片"天鹅"
翅膀；

3. 再逆时针转动咖啡杯约 180°，向右边拉出另一支对称的"天鹅"翅膀；

4. 缸嘴贴近液面，从两片翅膀中心处用较粗奶流画出弧形的"天鹅"颈部，再在弧线顶端轻推出一颗小的心形，完成"天鹅"头部的制作；

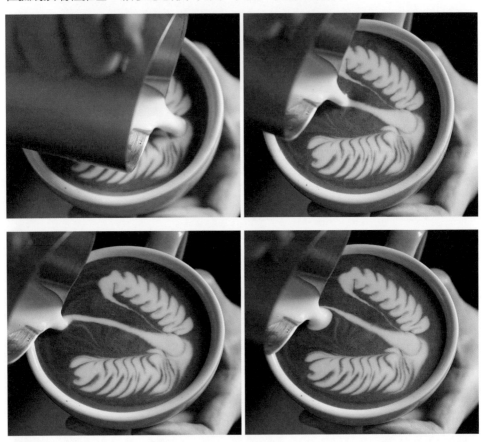

5. 双翅"天鹅"拉花咖啡完成。

十八、双叶天鹅

材料：意式浓缩咖啡、奶泡

设备与器具：意式半自动咖啡机、意式磨豆机、拉花缸、咖啡杯

制作步骤：

1. 咖啡与牛奶融合至咖啡杯约四分满，在液面中心起点注入奶泡制作压纹开底；

2. 在上部推出一个白色半圆；

3. 用同样的手法在其上方再轻推出一个白色半圆；

4. 向右后方移动拉花缸并保持匀速晃动，拉出细长的叶子形状；

5. 提高拉花缸，以细奶流从纹路左侧边缘向叶子底部收尾，形成"天鹅"的翅膀；

6. 缸嘴贴近液面，从叶子收尾处用较粗奶流画出弧线"天鹅"颈部；

7. 在弧线顶端轻推出一颗小的心形，完成"天鹅头"的制作；

8. 转动咖啡杯，从压纹底部下面中心向左边拉出一片细长叶子；

9. 再以同样的手法反向拉出一片对称的细长叶子；

10. 双叶"天鹅"拉花咖啡完成。

十九、三只小天鹅

材料：意式浓缩咖啡 30ml、奶泡适量

设备与器具：意式半自动咖啡机、意式磨豆机、拉花缸、咖啡杯

制作步骤：

1. 咖啡与牛奶融合至咖啡杯约四分满，在液面中心起点注入奶泡推出第一、二层小的白色半圆；

2. 接着推出第三层白色半圆，提高拉花缸以细小奶流收尾；

3. 在叶子左侧斜着向外拉出"天鹅"翅膀；

4. 转动咖啡杯，以对称的方式在叶子右边拉出"天鹅"翅膀；

5. 再次转动咖啡杯，从液面下部中间起点，拉出与上面平行的"天鹅"翅膀；

6. 咖啡杯转回去，再拉出一只反向对称的"天鹅"翅膀；

7. 拉花缸嘴贴近液面，在两个翅膀中间用奶泡勾画出"天鹅"头颈；

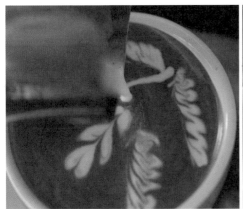 

8. 再以相同手法画出右上"天鹅"头颈；

9. 接下来以同样的手法反向画出左上"天鹅"头颈；

10.三只"小天鹅"拉花咖啡完成。

二十、天鹅与玫瑰花

材料：意式浓缩咖啡、奶泡

设备与器具：意式半自动咖啡机、意式磨豆机、拉花缸、咖啡杯

制作步骤：

1. 咖啡与牛奶融合至咖啡杯约四分满，在咖啡液面上部贴近液面画出"S"形，并以推爱心的手法推出一个小的白色半圆收尾；

2. 在"S"形里面推出一片白色半圆"花瓣";

3. 用同样的手法在上方轻点出第二片"花瓣";

4. 再轻点出第三片"花瓣",完成玫瑰花朵部分制作;

5. 将咖啡杯逆时针旋转约 60°，从咖啡液面底部中心点向左上方斜拉出一片细长小叶子；

6. 降低拉花缸，从叶子顶部拉线条至叶子底部；

7. 旋转咖啡杯，以同样的手法反方向制作另一片叶子；

8. 贴近液面，从两片叶子中间用较粗奶流向上拉出弧形线条，并轻推小爱心，画出"天鹅"头颈部；

9. "天鹅与玫瑰花"拉花咖啡完成。

二十一、兔子

材料：意式浓缩咖啡、奶泡

设备与器具：意式半自动咖啡机、意式磨豆机、拉花缸、咖啡杯

制作步骤：

1. 咖啡杯柄朝外，将咖啡与牛奶融合至约五分满；

2. 拉花缸嘴贴近液面，从液面右下方起点轻推出一个白色半圆；

3. 拉花缸嘴稍微后退一点，紧压住第一个白色半圆推出第二个白色半圆，形成"兔子"的身体；

4. 顺时针转动咖啡杯 180°，咖啡杯柄朝向怀里，在"兔子"身体外侧匀速缓慢以"S"形摆动后退，然后提高拉花缸，细奶流收尾，形成一片"树叶"；

5. 再逆时针转动咖啡杯，使其杯柄斜向外，拉花缸贴近液面，在"兔子"身体正上方起点勾画出一只"耳朵"；

6. 再依次勾画出"兔子"的另一只耳朵和头部；最后提高拉花缸，用缸中剩余的奶泡点出"兔子尾巴"，"兔子"拉花咖啡完成。

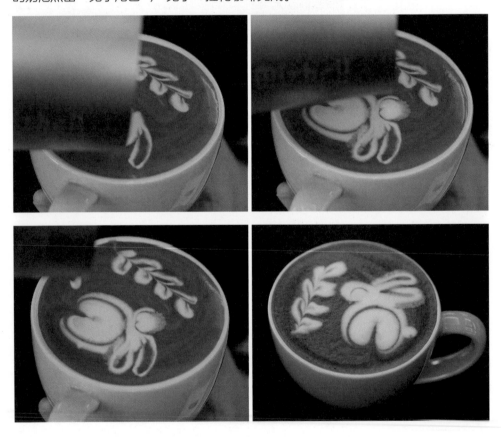

二十二、万里江山

材料：意式浓缩咖啡、奶泡

设备与器具：意式半自动咖啡机、意式磨豆机、拉花缸、咖啡杯

制作步骤：

1. 咖啡与牛奶融合至四分满左右后，在咖啡杯左侧起点画一条向右倾斜的麦穗，然后以约 45°角向左下画一个短线条收尾；

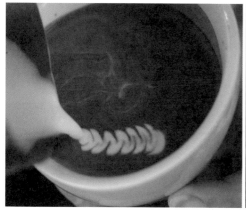

2. 平行于第一条麦穗画出第二条麦穗，比第一条略长，同样以向左下的锐角收尾；

3. 从同一水平线上再起点画条与第一、二条麦穗平行的麦穗，以同样的手法收尾，完成"群山"图案制作；

4. 逆时针旋转咖啡杯，拉花缸贴近三个麦穗的最下侧边缘，画一条直线；

5. 在横线下方继续以奶泡画出"之"字形水纹；

6. 在左侧"山峰"上用奶泡点出一个白色圆点，画出"太阳"；

7. "万里江山"咖啡拉花完成。

二十三、狮子

材料：意式浓缩咖啡、奶泡

设备与器具：意式半自动咖啡机、意式磨豆机、拉花缸、咖啡杯

制作步骤：

1. 咖啡杯柄朝外，将咖啡与牛奶融合至杯子约五分满后，从杯子内侧沿杯壁拉出一条弧形麦穗；

2. 从咖啡杯外侧同样沿杯壁拉一条对称的弧形麦穗；

3. 在第一条麦穗内部拉一条短麦穗；

4. 在两条长麦穗底部拉一条细长的麦穗进行连接，形成"狮子"的脸部；

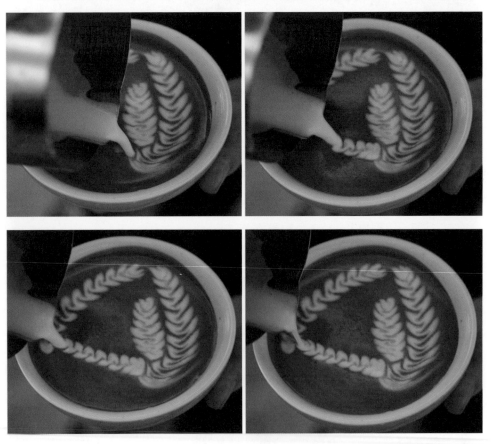

5. 拉花缸贴近液面，勾画出"狮子"的两只耳朵；

6. 在"狮子"脸部中间用粗奶泡线条勾画出"鼻子";

7. 提高拉花缸，用剩余的奶泡滴出白色圆点，形成"狮子"的眼睛和嘴巴；

8. 在"狮子"耳朵里滴上两个白色小圆点，"狮子"拉花咖啡完成。

二十四、猴子

材料：意式浓缩咖啡、奶泡

设备与器具：意式半自动咖啡机、意式磨豆机、拉花缸、咖啡杯

制作步骤：

1. 咖啡与牛奶融合到约五分满，从液面中心点起点推出两层包心，制作"猴子"身体；

2. 在"猴子"身体下方先后沿着杯壁拉出一长一短两条弧形细长树叶;

3. 再从两条树叶接缝处拉一条短的麦穗做为树干；

4. 拉花缸嘴贴近液面，依次拉出"猴子"的四肢和尾巴；

5. 在"猴子"身体的上方绕两个圆圈，形成"猴子"的头部和嘴巴；

6. 提高拉花缸，用剩余的奶泡点出三颗"果实";

7. "猴子"拉花咖啡完成。

二十五、小马驹

材料：意式浓缩咖啡、奶泡

设备与器具：意式半自动咖啡机、意式磨豆机、拉花缸、咖啡杯

制作步骤：

1. 咖啡与牛奶融合至约五分满，拉花缸贴近液面，在液面左侧连续推出三个半圆，然后提高拉花缸推进以"郁金香"图案收尾；

2. 稍微逆时针转动咖啡杯，从"郁金香"底部起点反方向拉出一片树叶；

3. 再逆时针转动咖啡杯，使杯柄与拉花缸平行，从液面中心处起点，以与杯柄平行的方向拉出一条麦穗，形成"马"的身体；

4. 再分别在其上方和下方拉出两条稍短的平行麦穗；

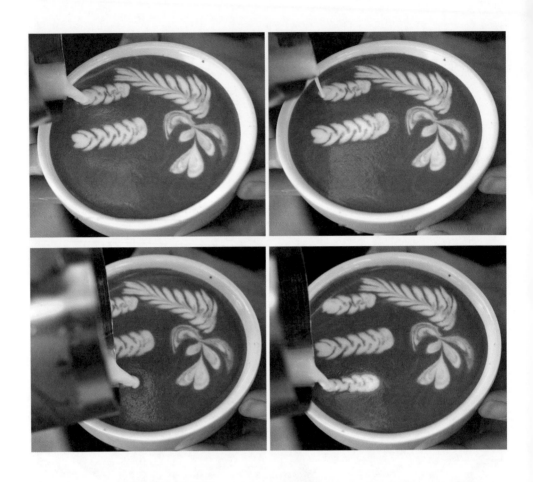

5. 从最上面的麦穗最左边出发，向左上方拉出一条小麦穗；

6. 从马的身体最右边斜着向下勾画出一条马腿；

7. 再分别勾画出另外两条"马腿"；

8. 提高拉花缸，用奶泡点出白色圆点，形成"马尾巴"；

9. 接下来用剩余的奶泡勾画出"马头"和"马脖子"；

10."小马驹"拉花咖啡完成。

一、小熊

材料：意式浓缩咖啡、奶泡

设备与器具：意式半自动咖啡机、意式磨豆机、拉花缸、咖啡杯、雕花针

制作步骤：

1．咖啡杯倾斜45°，咖啡杯柄向外，将咖啡与牛奶融合到约五分满；

2. 拉花缸贴近液面，从中心点大流量注入奶泡，在液面上形成白色半圆；

3. 缸嘴后退，压住第一个半圆再推出一个稍小的白心；

4. 用雕花针蘸取奶泡，在大的心形外边缘点上两个对称的白点，描绘出"小熊"耳朵轮廓；

5. 蘸取咖啡液，点在"耳朵"中心；

6. 再蘸取咖啡液，在大的白心中间点上"小熊"眼睛；

7. 蘸取咖啡液，在小的白心下部勾勒"小熊"嘴巴；

8. 蘸取奶泡点在"小熊"眼睛里；

9. 蘸取奶泡，在"小熊"耳朵中间描绘出一个小小的爱心；

10."小熊"图案咖啡制作完成。

二、麦穗小花

材料：意式浓缩咖啡、奶泡

设备与器具：意式半自动咖啡机、意式磨豆机、拉花缸、咖啡杯、雕花针

制作步骤：

1. 咖啡杯倾斜45°，将咖啡与牛奶融合到约六七分满；

2. 拉花缸贴近液面，从咖啡液面下部贴近杯壁的中心点开始注入奶泡，以"Z"形向左边后退摆动拉出一条细长麦穗；

3. 回到起图点，以同样手法向右拉出一条细长麦穗；

4. 用雕花针蘸取奶泡，在麦穗上方点出五个白色小点；

5. 用雕花针将外面四个圆点分别向外划成逗号状，形成"花瓣"；

6. 再蘸取奶泡，从两个麦穗底部中间用雕花针向上划到中间白点，画出"花茎"；

7. "麦穗小花"咖啡完成。

三、星空玫瑰花

材料：意式浓缩咖啡、奶泡

设备与器具：意式半自动咖啡机、意式磨豆机、拉花缸、咖啡杯、雕花针

制作步骤：

1. 咖啡与牛奶融合至咖啡杯约五分满，先在上部贴近液面画出"S"形底托，再依次推出三个花瓣完成"玫瑰花"花朵；

2. 旋转咖啡杯，先后从咖啡液面底部中心分别向左右上方各斜拉出一片细长小叶子；

3. 降低拉花缸，缸嘴贴近液面，在玫瑰花和叶子之间画"8"字形后划出，形
成叶托形状；

4. 用雕花棒蘸取奶泡修整"玫瑰花"与叶茎；

5. 用奶泡在底部叶子间点一个小白圆，并用雕花针划成心形；再用雕花针勾画中间的叶子，使其修长灵动；

6. 在"玫瑰花"左侧蘸奶泡勾画小星星进行点缀；

7. 用雕花针蘸奶泡零散地点几个小白点，"星空玫瑰花"拉花咖啡完成。

四、孔雀

材料：意式浓缩咖啡、奶泡

设备与器具：意式半自动咖啡机、意式磨豆机、拉花缸、咖啡杯、雕花针

制作步骤：

1. 咖啡杯柄朝向自己左侧，从液面底部中心向右上拉一个翅膀；

2. 逆时针转动咖啡杯约 90°，反方向拉对称的另一个翅膀；

 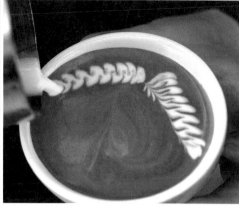

3. 用雕花棒蘸奶泡在翅膀上方画一条短弧线；

4. 在短弧线上方再依次画两条较长的弧线；

5. 用雕花针蘸奶泡在液面中心点一个小白点；

6. 用雕花针取奶泡在两个翅膀中间画一条弧线，并划过白色小点，完成"孔雀"头部制作；

7. 用白色奶泡在头部上方画 3 个细锥形，完成"孔雀"头部羽冠制作；

8. 用雕花针从外圈白色弧线向里圈弧线勾画出"孔雀"开屏；

9. 用雕花针蘸取奶泡在两只翅膀边缘勾出线条来修饰翅膀；

10. "孔雀" 拉花咖啡制作完成。

五、天使

材料：意式浓缩咖啡、奶泡

设备与器具：意式半自动咖啡机、意式磨豆机、拉花缸、咖啡杯、雕花针

制作步骤：

1. 咖啡与牛奶融合到约八分满，从液面中心点起点制作一对对称的翅膀（注意在靠近内侧进行收尾）；

2. 在液面下方拉出一对平行于翅膀的对称麦穗；

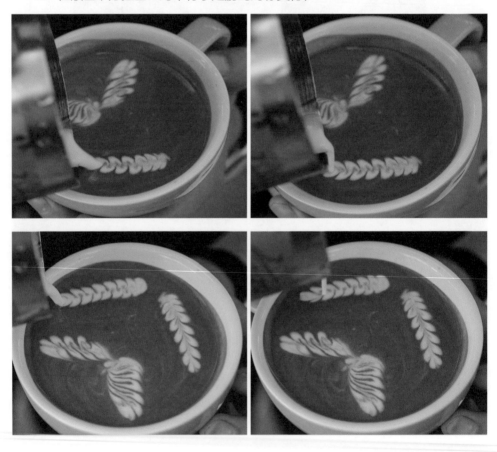

3. 用雕花棒蘸奶泡勾划出"天使"身体与腿部的轮廓；

4. 用雕花棒舀奶泡填充在"天使"身体轮廓里；

5. 用雕花针蘸奶泡勾划出"天使"的头部;

6. 用雕花针勾画"天使"的手部线条；

7. 用白色奶泡点出"天使"的鞋子；

8. 用雕花针在麦穗的内侧勾勒出修饰的曲线；

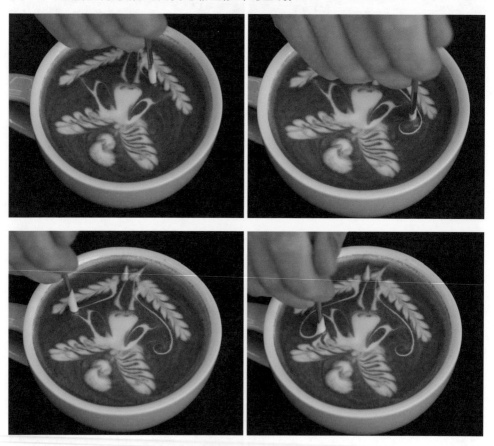

9. 用雕花针蘸取奶泡点出"天使"的发髻，并进行线条的修饰与完善，完成"天使"拉花咖啡制作。